打败无 N种方法

创作这本书

人间指南编辑部 编著

人民邮电出版社

北京

图书在版编目（CIP）数据

打败无聊的 N 种方法. 创作这本书 / 人间指南编辑部

编著. -- 北京：人民邮电出版社，2024. -- ISBN 978

-7-115-64676-7

Ⅰ. B842.6-49

中国国家版本馆 CIP 数据核字第 2024WL0839 号

内 容 提 要

　　这是一本生活创意指南，旨在帮助读者在忙碌和充满压力的生活中找到乐趣和动力。书中融合了各种实用且富有创意的点子，从简单的日常习惯到独特的创意实践，无一不展示了如何给生活注入新鲜活力。无论是想要改善人际关系，还是寻找新的兴趣爱好，这本书都能为你提供灵感和方法。本书适合学生群体，书中的内容可以丰富他们的课余生活，帮助他们发现更多可能性；也适合忙碌的职场人士，可以帮助他们在紧张的工作之余找到生活的乐趣，缓解压力；还适合艺术爱好者和创作者，书里的创意点子可以帮助他们发掘更多创作灵感，实现自我表达和创作。

　　愿本书可以点亮生活中的每一份乐趣和创意。让我们一起在生活的舞台上尽情绽放吧！

◆ 编　　著　人间指南编辑部
　　责任编辑　许　菁
　　责任印制　周昇亮
◆ 人民邮电出版社出版发行　　北京市丰台区成寿寺路 11 号
　　邮编　100164　　电子邮件　315@ptpress.com.cn
　　网址　https://www.ptpress.com.cn
　　涿州市殷润文化传播有限公司印刷
◆ 开本：880×1230　1/64
　　印张：1.75　　　　　　　　2024 年 9 月第 1 版
　　字数：120 千字　　　　　　2025 年 1 月河北第 5 次印刷

定价：19.80 元

读者服务热线：(010) 81055296　印装质量热线：(010) 81055316
反盗版热线：(010) 81055315
广告经营许可证：京东市监广登字 20170147 号

使用指南

欢迎打开这本充满创意与乐趣的书。在这里，我们不仅仅是为了阅读，更是为了在生活中寻找和创造乐趣。接下来，请跟随这份独特的使用指南，一起踏上一段充满惊喜的旅程吧！

一、启动仪式

请为自己准备一个"启动仪式"，可以是一杯香浓的咖啡，一段轻松的音乐，或者是一个深呼吸，为接下来的创意之旅做好准备。

二、自由翻页

这本书没有固定的阅读顺序，可以根据自己的心情和兴趣自由翻页。

三、自我挑战

书上的文字只是提示，你甚至可以不按照提示操作，反着来。本书没有使用规则，想干什么就干什么。

四、记录创意

在阅读过程中，你可能会看到一些奇怪的问题、有趣的图片，在这些问题的指引下，完成一些充满趣味的小任务，同时产生许多新的想法和灵感。为了不错过这些宝贵的瞬间，可以准备一个"创意日记"，记录自己的想法和灵感。

五、分享乐趣

一定要将你的创意和乐趣分享给身边的朋友或家人，邀请大家一起来尝试书中的点子，快乐是需要"相互感染"的。

本书献给所有在当下生活中感到繁忙、紧张、焦虑、迷茫的朋友们，希望它能带给你们片刻的快乐和轻松，重新找回对生活的激情！

给这个人加上头发并调整一下，得到一个完美的头型。

或许……
还可以有配饰

把你最讨厌的人画下来。

请在此区域毫无愧疚感地尽情创作！

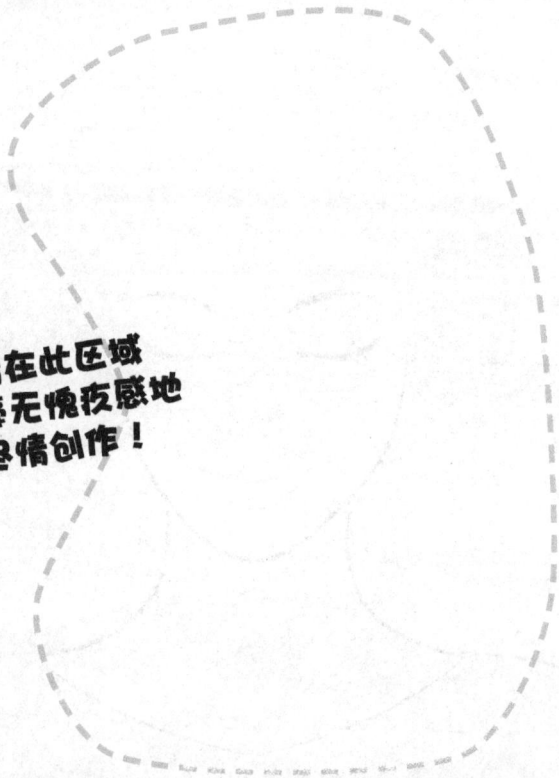

给这个小人儿
画一个完美的身材。

今天改变一下发型，
打造一个你的梦中情发。

尝试把你的**书桌**
设计成你**喜欢的类型**。

把没涂黑的圆点
都用笔
涂上颜色。

把不喜欢你的人
画出来，
然后对着
这幅画
大声说：

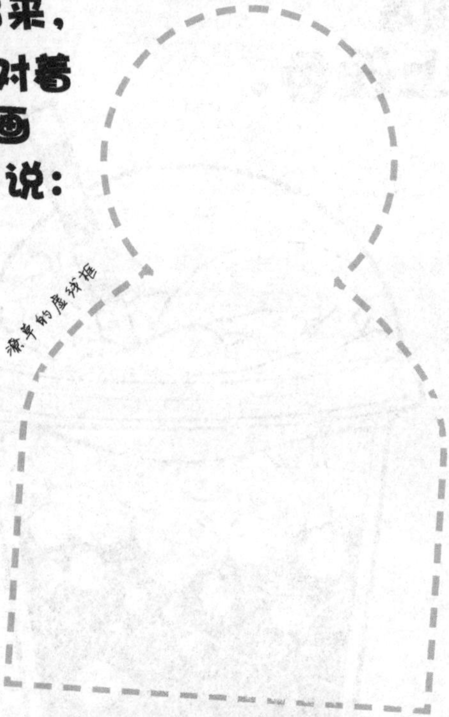

画平时废弃涂插

我也不喜欢你！

给这双手画一个平时**不敢**做的美甲！

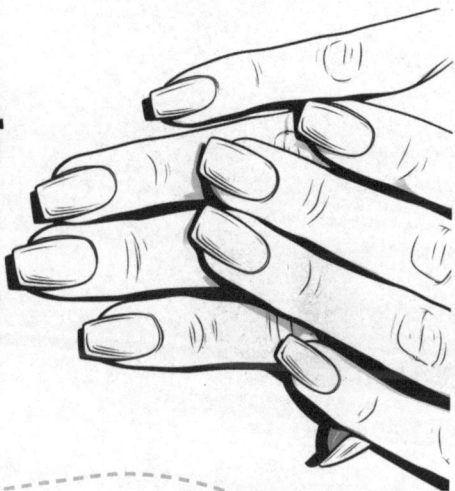

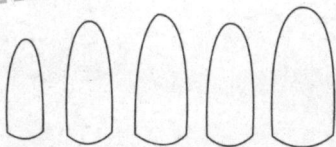

华丽的分割线 ✂

设计一款梦中情甲，并剪下来贴到自己手上吧！

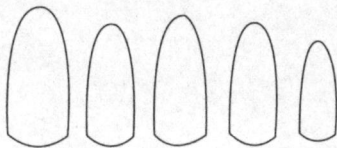

写上你今天
必须要做的几件事情，
做完一件划掉一条。

消灭拖延症！

- - - - - - - - - - - - -

- - - - - - - - - - - - -

- - - - - - - - - - - - -

- - - - - - - - - - - - -

- - - - - - - - - - - - -

心中默念一个数字，
拿出手边的一本书，翻到这页，
看看这页里是什么内容。

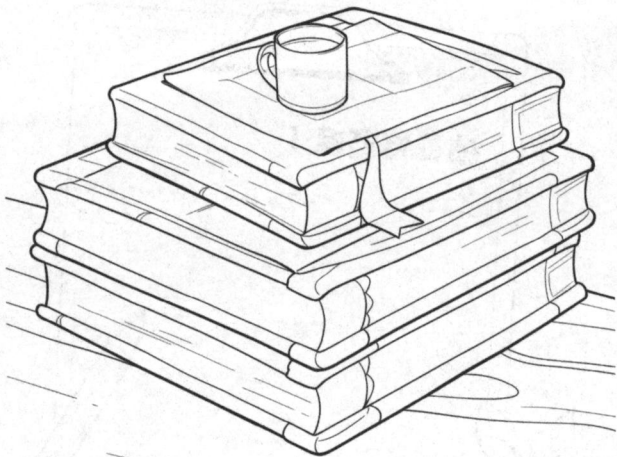

写下书中的内容：_____

_____

_____

把这张纸撕下来
不断翻折，
你能叠多少层？
（目前最高纪录：32层）

和朋友一左一右捏住这页纸并撕扯，
看最后谁撕掉的面积大，
谁请今天的饮料。

照照镜子，
把你此时的表情
画出来吧！

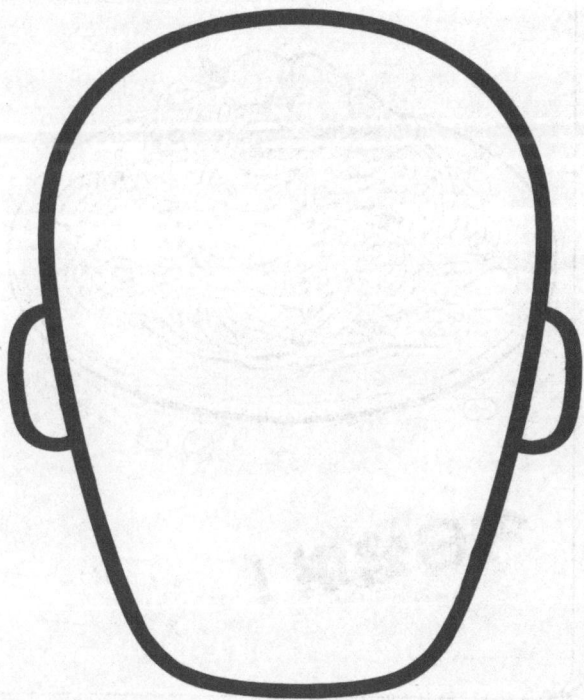

把这些面条涂上颜色，吃一碗 彩色面条！

今日特供！

菜品名称：_____

定价：_____

限定！

菜品名称：_____
定价：_____

已售罄！

菜品名称：_____
定价：_____

请你补好这双破袜子。

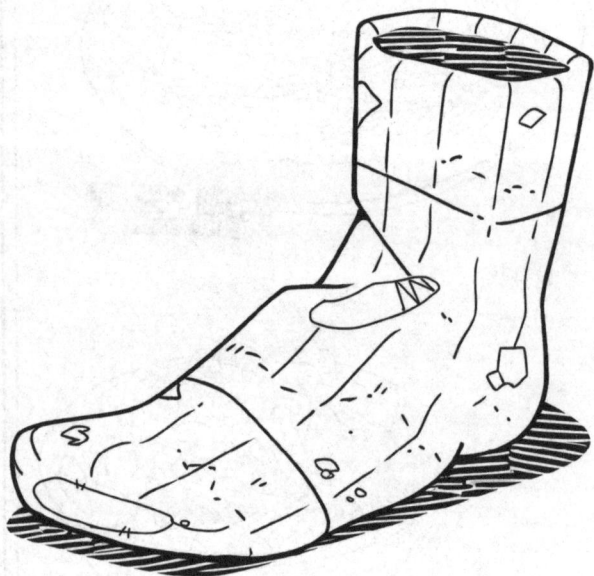

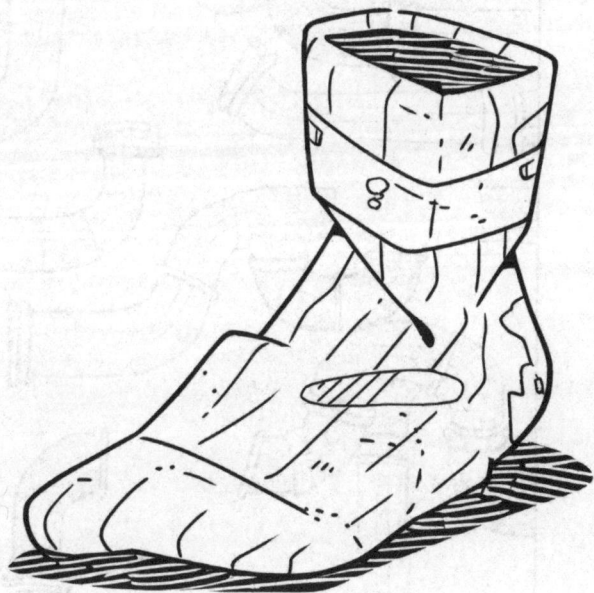

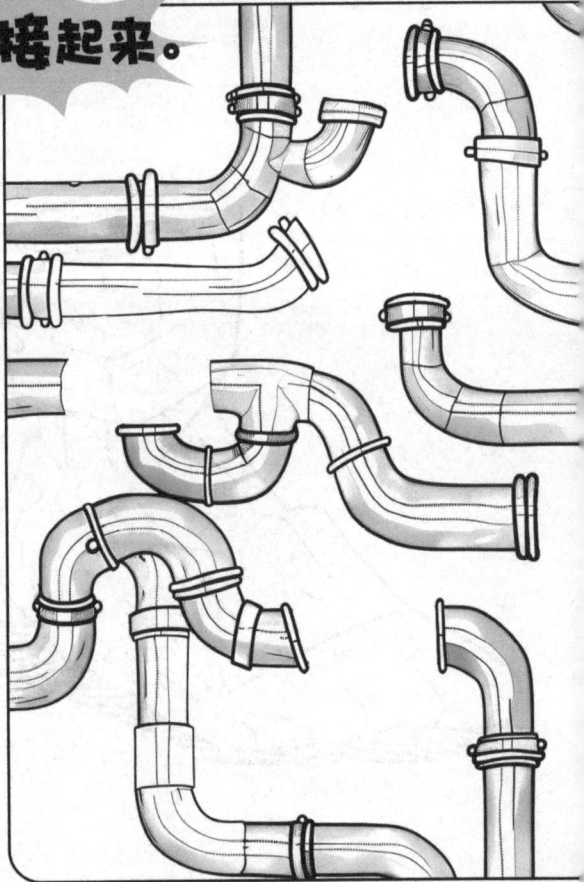
请将图中断掉的水管连接起来。

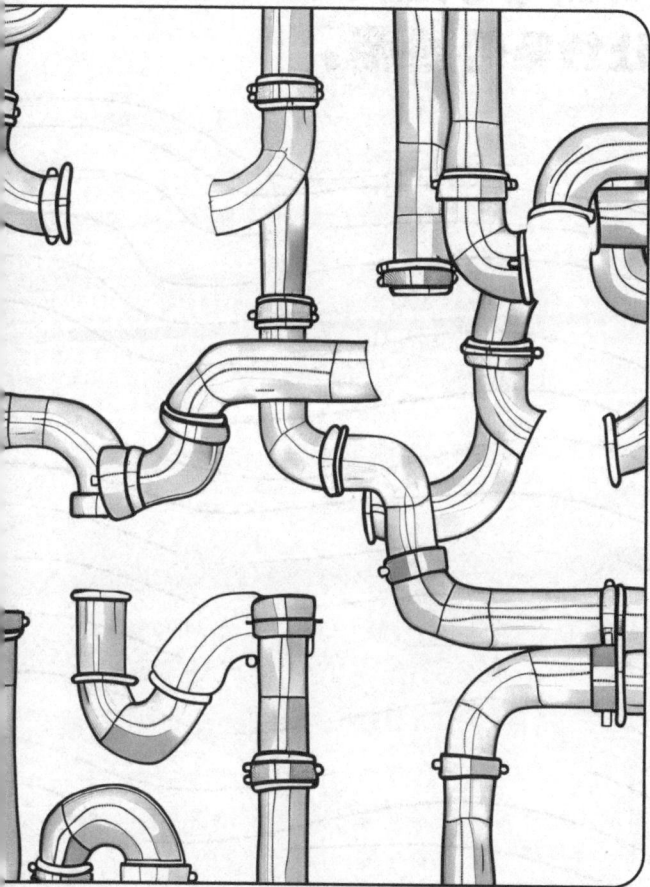

将断了的线连到一起吧，让线条更丝滑。

用咖啡给这页
画上乌云。

将今天喝的饮料包装纸贴在这页上，
也可以把朋友的拿来贴上，
越多越好！

收集处

写下你今天的人设，
然后用这个人设
过一天。

今天的我：_____

_____

_____

_____

_____

_____

_____

这是你不喜欢的人
的餐盘，
画点什么
让他吃顿
好的吧！

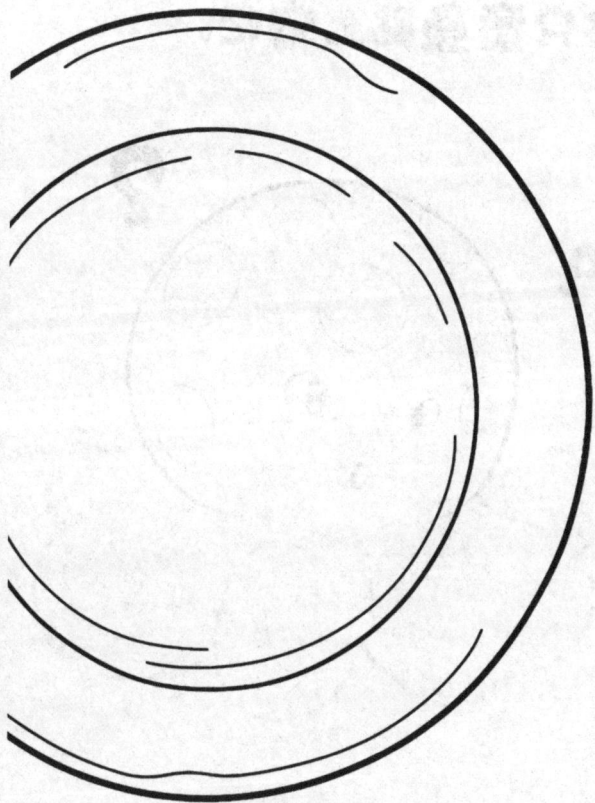

用卫生纸给
这只章鱼贴上脚吧。

找出相同的3个图案,
用笔把它们涂黑。

将图中的瞳孔涂上颜色，
得到一幅
有创意的装饰画。

研表究明，人看在字时，会动自字将排好。不信你读重一下段这话，会就现发字全是乱都的。

写下3个自己的优点，给自己发个奖状吧！

奖

亲爱的 _____

鉴于您 _____

_____

_____

特发此状，以

状

_____

_____

_____

资鼓励！

_____ 年 __ 月 __ 日

给这些人都穿上衣服。

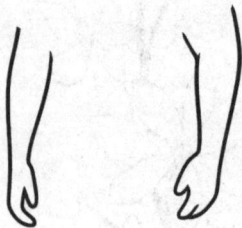

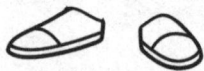

状

_____

_____

_____

资鼓励！

____年__月__日

给这些人都穿上衣服。

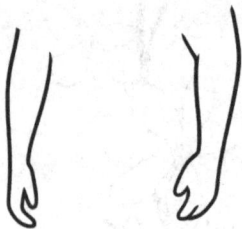

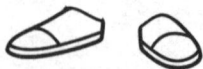

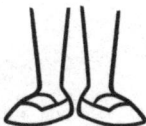

写下你不喜欢的
人的名字，
并用力涂掉它们！

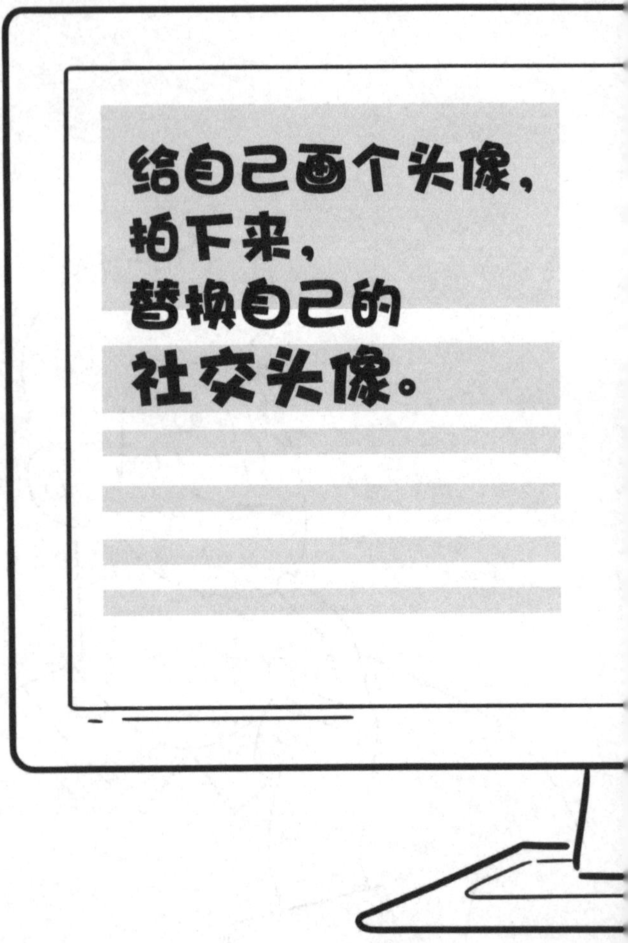
给自己画个头像，
拍下来，
替换自己的
社交头像。

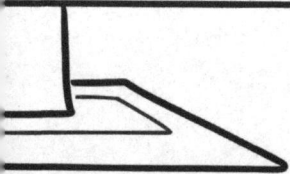

如果让你具备一种 超能力, 你想拥有哪种？

智慧

富有

自信

善良……

给下周的自己，写一封信吧！

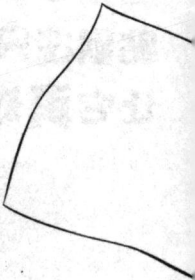

收集自己和朋友的头发，
贴到这只雄狮头上，
让它再现威猛！

把这页撕下，跟朋友一起用手沿着形状撕，看谁能**率先**完成！

你的

- -

你朋友的

歇后语

问：为什么女娲一边捏泥人一边笑？

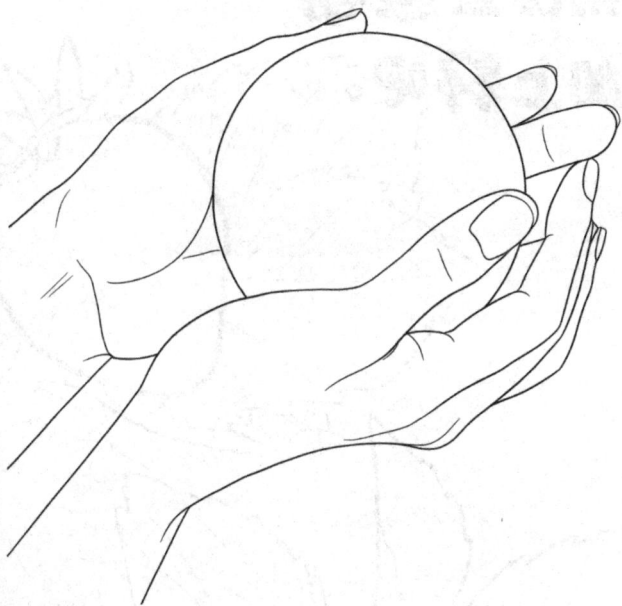

桃：因为怕人偷，晚上要防的呢！

多开心啊！

给这些草莓
加上籽吧。

给这个彩虹
　上个颜色吧。

抄写生僻字，
然后问旁边的人
是否认识。

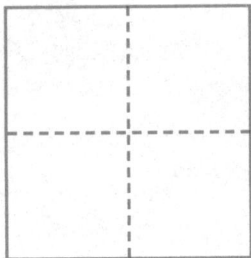

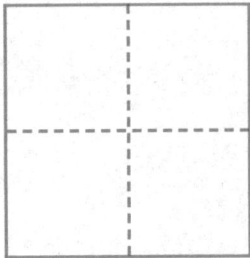

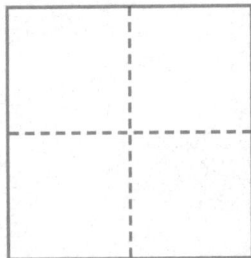

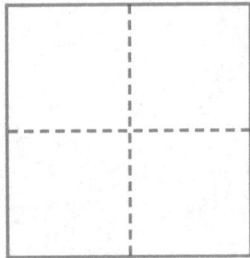

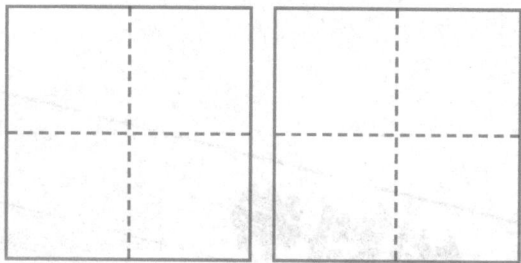

饮料券

凭此券可在今天享
用一杯最爱的饮料。

画下经常走的回家路线，并标出路上遇到的小确幸。

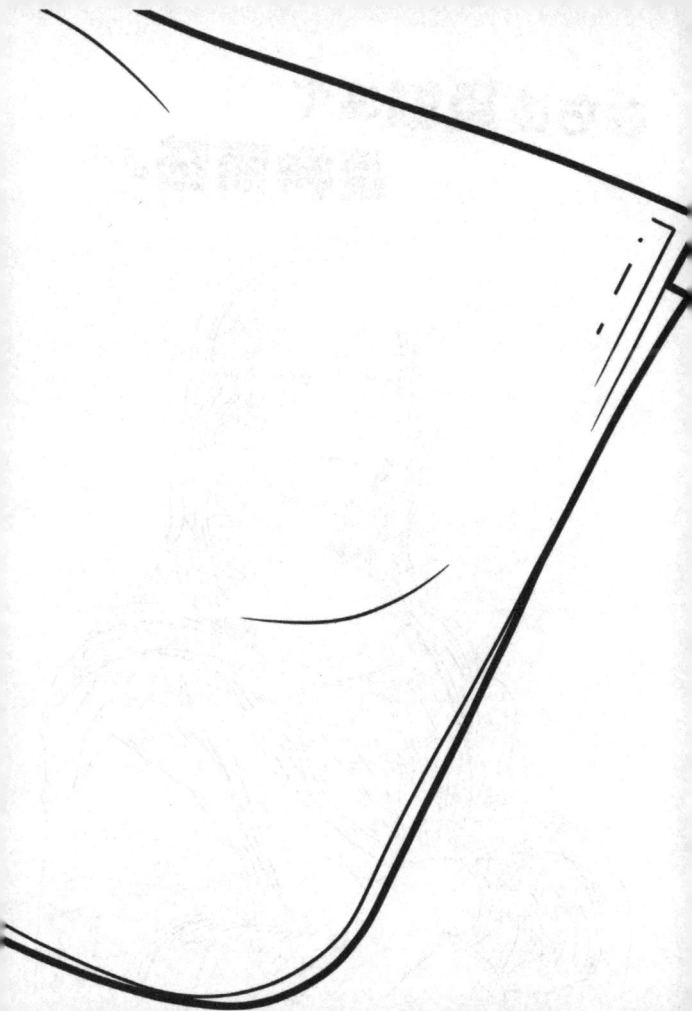

在右边复刻这个蒙娜丽莎。

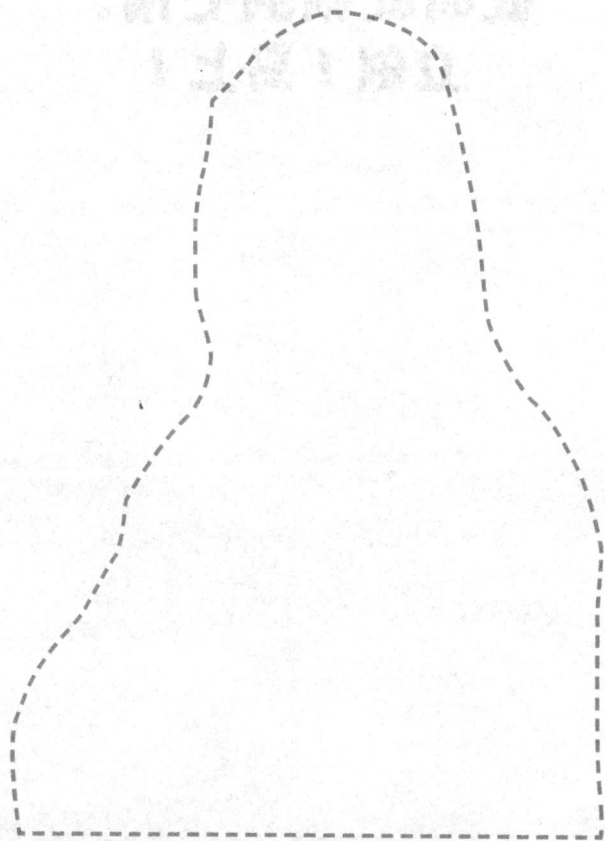

在这页写下
此时此刻的心情，
立刻！马上！

在格子里填上想吃的东西，
剪下来抓阄，
来决定点什么外卖。

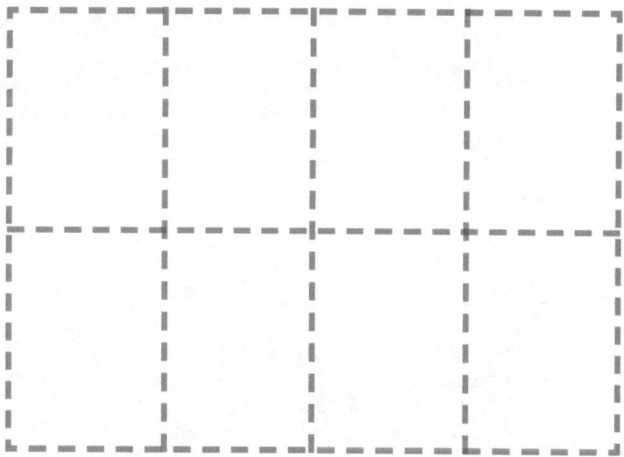

这是一张运气贴，
撕下来，涂上旺自己的颜色
带在身上一整天。

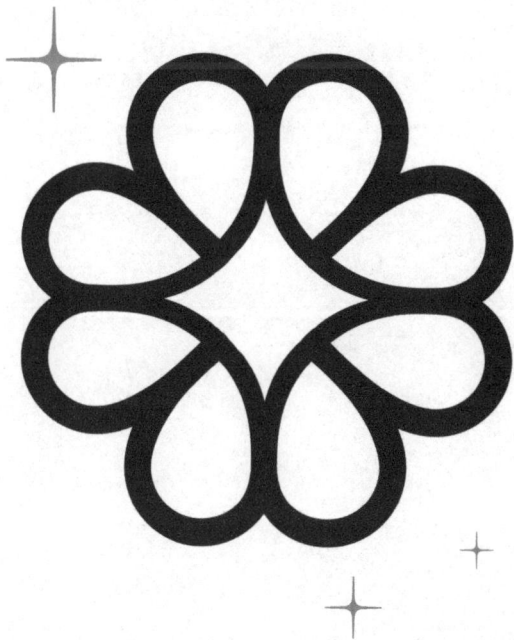

写好有趣的几件事儿，
　　然后剪下来夹在书中，
仅露出空白处，
　　合上书和朋友一起抽取，
　　　然后让他去做抽中的事情。

闭上眼睛画一幅画，
然后撕下来，
让朋友猜猜这是啥。

剪下这些眼睛，
　把它们贴到家具、
文具上。

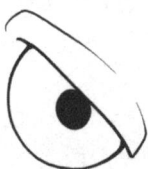

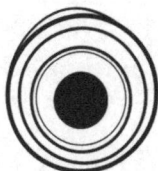

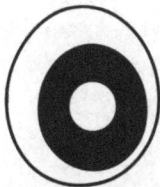

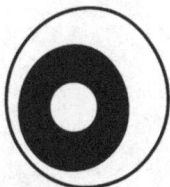

做一个神秘小盒子，
画上图案，
然后封起来，送给朋友。

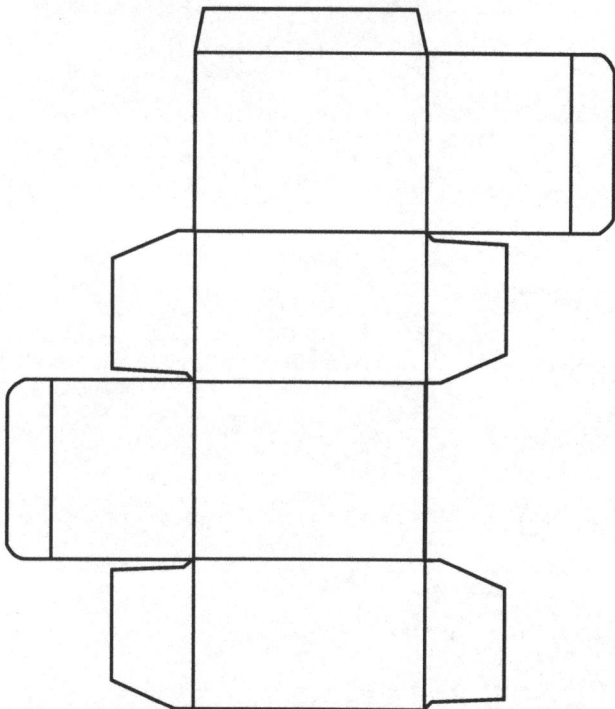

按照外轮廓剪下即可 ✂

挑战！
加一笔变成一个新字。

日	日	日
日	日	日
日	日	日

在这棵许愿树上贴上心愿纸吧，梦想就要实现啦！

跟自己或者朋友
在这页
下一局五子棋。

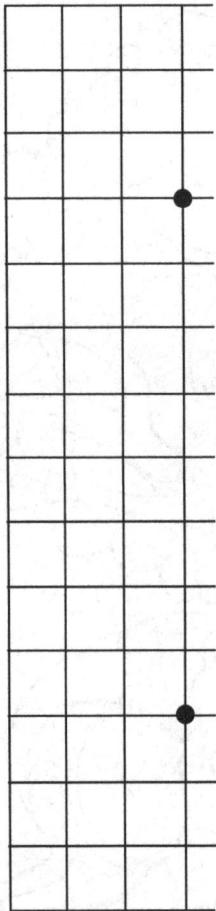

让朋友写下对你的评价，如果你不满意，就回写给他一条。

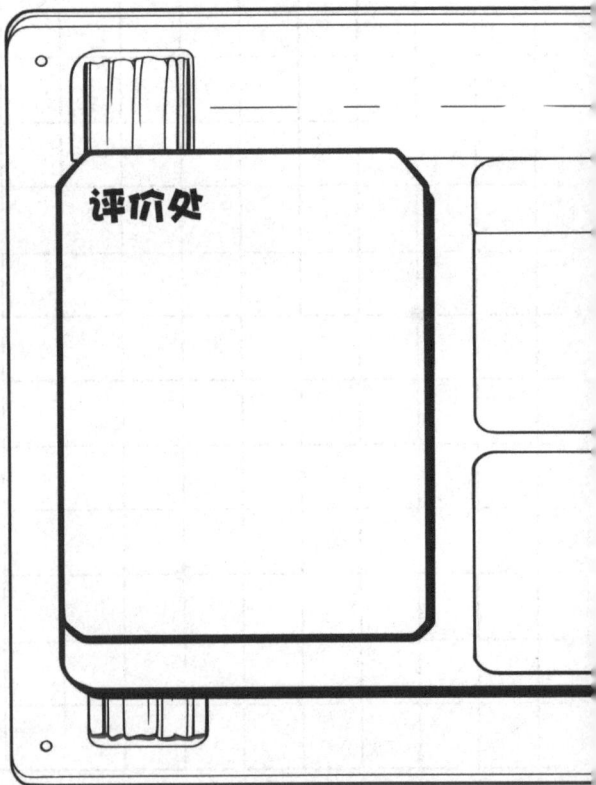

评价处

满意度

很满意　　　一般　　　不满意　非常不满意

回写处

用你喜欢的味道熏染这页纸，并分享给朋友。

收集**票根**，把它们贴在这页里，留下关于它们的回忆。

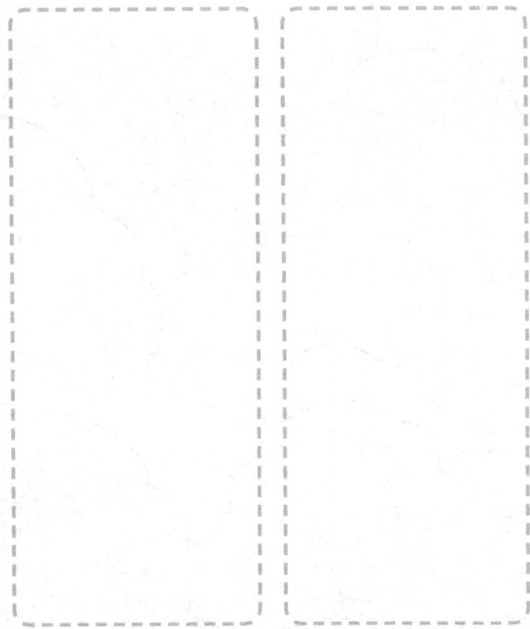

请动手补完
让人心动的
九宫格。

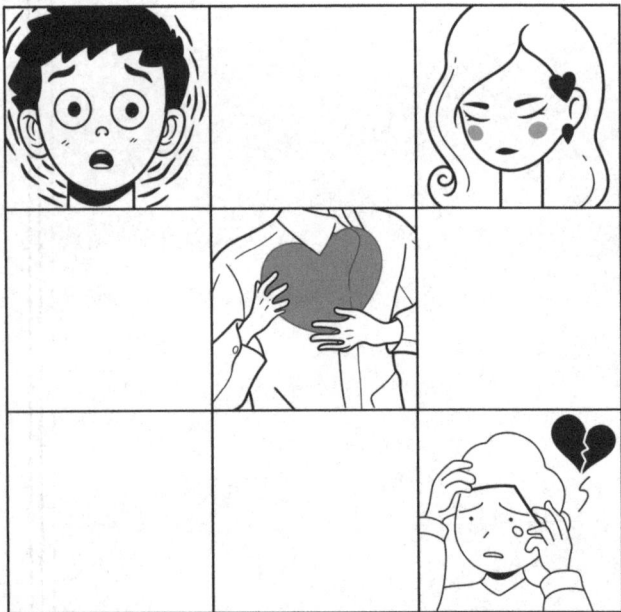

把这个小人儿
画成表情包,
剪下来送给好朋友吧。

出门捡些落叶，
遮盖这个
伤心的小人儿吧。

用你最精湛的画功，
在这页画出
自己和偶像的合影。

看图猜成语！

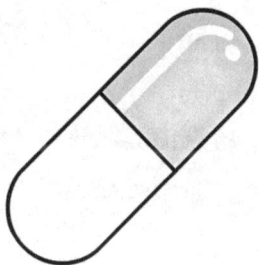

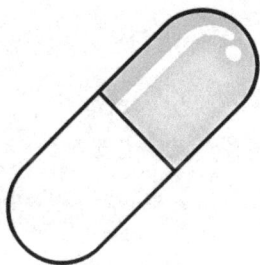

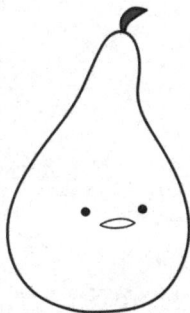

解压时间到！
用线条描摹出这幅画。

给这幅图上个色吧。

请把黑色以外的地方
涂满颜色。

给今天的自己
写一个评价，打个总分。

时间管理

情绪管理

人际交往

做事效率

自我照顾

可以优化的地方：

总分 _____